SUR GRIN VOS CONNAISSANCES SE FONT PAYER

- Nous publions vos devoirs
  et votre thèse de bachelor et master

- Votre propre eBook et livre –
  dans tous les magasins principaux du monde

- Gagnez sur chaque vente

Téléchargez maintentant sur www.GRIN.com
et publiez gratuitement

Prospective Territoriale, Outil de Planification du développement local. Cas de la commune de Saaba au Burkina Faso

Wendkouni Jean Anicet Sawadogo

Bibliographic information published by the German National Library:

The German National Library lists this publication in the National Bibliography; detailed bibliographic data are available on the Internet at http://dnb.dnb.de.

ISBN: 9783346804952
This book is also available as an ebook.

© GRIN Publishing GmbH
Nymphenburger Straße 86
80636 München

Print and binding: Books on Demand GmbH, Norderstedt, Germany
Printed on acid-free paper from responsible sources.

GRIN web shop: https://www.grin.com/document/1321070

Prospective Territoriale, Outil de Planification du développement local

Cas de la commune de SAABA

BURKINA FASO

Wendkouni Jean Anicet SAWADOGO

Planificateur Aménagiste

RESUME

La « Prospective Territoriale, Outil de Planification du développement local : Cas de la commune de SAABA au BURKINA FASO » se veut être un document qui traduit les résultats d'un exercice méthodique et systémique de la démarche prospective pour le développement des collectivités territoriale.

Pour Sénèque : « Il n'y a pas de vent favorable pour celui qui ne sait où il va. » en ce sens, la veille prospective et stratégique n'a réellement de sens que pour celui qui est animé d'une intention (projet) et l'exercice d'un pouvoir suppose l'existence d'une vision d'un futur souhaitable (objectif). La notion de projet prend tout sens dans ce domaine de volonté. L'équation subtile du rêve et de la raison. Le rêve génère des visions que nous formons d'un avenir meilleur qui, passées au crible de la raison, deviennent de véritables moteurs de l'action. Tel est l'exercice mené dans ce projet de recherche.

Il s'est traduit par un diagnostic technique, une modélisation des indicateurs au niveau de chaque secteur suivi de choix, de calcul des tendances et de proposition de scenarii optimiste « la commune de SAABA en émergence » et pessimiste « la commune de SAABA connait des difficultés de décollage pour son développement ». De la confrontation de ces deux scenarii s'est dégagé le scenario retenu « la commune de SAABA en émergence dans tous les secteurs » qui est le projet de territoire de la commune de Saaba dont la mise en œuvre se fait selon une stratégie.

Cette stratégie est mise en œuvre à travers un modèle de développement qui s'appuie sur la structuration du territoire communal en espaces de projets selon leurs spécificités prenant en compte les orientations au niveau nationale. Il s'agit de l'espace de projet « Développement de la production agricole », l'espace de projet « Urbanisation de la commune », l'espace de projet « Gouvernance et protection de l'environnement ».

Mots clés : Prospective, Développement local, planification

ABSTRACT

Territorial Foresight, a Tool for Local Development Planning: The Case of the Commune of SAABA in Burkina Faso" is intended to be a document that translates the results of a methodical and systemic exercise in foresight for the development of territorial communities.

For Seneca: "There is no favourable wind for him who does not know where he is going" in this sense, foresight and strategic monitoring only really make sense for those who are driven by an intention (project) and the exercise of power presupposes the existence of a vision of a desirable future (objective). The notion of project takes all sense in this field of will. The subtle equation of dream and reason. The dream generates visions that we form of a better future which, when examined by reason, become real engines of action. This is the exercise carried out in this research project.

It involved a technical diagnosis, modeling of indicators in each sector, followed by choices, calculation of trends and proposal of optimistic scenarios "the commune of SAABA is emerging" and pessimistic scenarios "the commune of SAABA is experiencing difficulties in taking off for its development". From the confrontation of these two scenarios, the selected scenario "the commune of SAABA in emergence in all sectors" emerged, which is the territorial project of the commune of Saaba whose implementation is done according to a strategy.

This strategy is implemented through a development model based on the structuring of the commune's territory into project areas according to their specificities, taking into account the orientations at the national level. These are the "Development of agricultural production" project area, the "Urbanization of the commune" project area, and the "Governance and environmental protection" project area.

Keywords: Foresight, local development, planning

La prospective territoriale est consubstantiellement liée à l'aménagement du territoire. Lorsqu'après-guerre se joue la reconstruction du pays et que s'ébauchent les principes et outils de l'aménagement du territoire, la prospective, au même titre que la planification, fait partie de ces derniers. Le souci de l'avenir est alors manifeste. Il s'agit d'anticiper, de prévoir, de se donner les moyens de penser le long terme en tentant de répondre aux enjeux d'une modernisation et d'un développement équilibré du pays. Cette parenté historique entre la prospective d'un côté, la prévision et la planification de l'autre, ne saurait amener à les confondre. La prospective, au contraire de la prévision, suppose que l'avenir ne peut être connu malgré l'essor des outils et méthodes prévisionnelles, de la statistique d'hier à la modélisation jusqu'au big data. Le futur est fondamentalement incertain et nécessairement à construire : il engage pleinement notre liberté et notre responsabilité.

Dans ce même ordre d'idée nous avons entrepris la présente recherche, qui est un exercice incontournable de la planification régionale et de l'aménagement du territoire dont l'objectif est de montrer de manière précise et concrète les étapes de planification du développement d'une localité avec la prospective territoriale.

Le document est structuré de la manière suivante :

- Le résumé ;
- L'introduction ;
- La méthodologie ;
- Les résultats ;
- La discussion ;
- La conclusion ;
- Et la bibliographie.

La prospective territoriale est une démarche récente. Appelée aussi prospective régionale ou géographie prospective, la prospective territoriale connait un essor croissant favorisé par deux circonstances :

- La montée des incertitudes ; la nouvelle dynamique économique du capitalisme est devenue plus agressive, avec une concurrence exacerbée au niveau de la planète sous l'hégémonie du capital financier international. Ce nouveau régime qui dérégularise et reconfigure tout le système, prend à contre-pied, fragilise et parfois détruit des formes d'organisation économique et sociale qui s'étaient imposées à la fin du capitalisme industriel. Avec les transformations tous azimuts et peu prévisibles, l'avenir apparaît désormais porteur de davantage de menaces que de promesses. Au mieux, il semble aléatoire, et il faudrait être bien prétentieux pour dire aujourd'hui de quoi sera fait demain ;
- Le recul du rôle de l'État ; ce recul se fait en faveur, d'une part de celui croissant des organisations sous régionales internationales et d'autre part de celui des collectivités territoriales dans le cadre de la décentralisation.

Dans un tel climat d'incertitudes, la prospective devient un des outils d'anticipation avec lequel il faut compter pour essayer de ne pas être surpris et prendre des dispositions d'anticipation qui minimisent au mieux les risques.

Dans cette démarche, nous avons utilisé une méthodologie systémique qui se traduit par un diagnostic général du territoire communale avec le choix des secteurs à mettre en évidence dans le présent travail car étant un exercice visant à montrer l'importance de l'outil.

Ensuite nous avons identifié les variables par secteur et procédé à leur classement selon le niveau d'influence et d'importance de ces derniers. Apres le classement de ces variables par secteur, nous avons expliqué les variables influençant l'évolution des secteurs. Cela a permis de dégager les hypothèses par secteurs (agriculture, urbanisme et environnement). La suite s'est traduite par une synthèse des hypothèses par secteur suivi du choix de deux hypothèses par secteur. Afin de trouver les scenarios, nous avons procédé au calcul des tendances. Le mixage des deux scenarios a permis donc de trouver le scenario retenu qui peut être considéré comme un modèle de développement en 2040 de la commune. Enfin, une stratégie de mise en œuvre est proposée avec une subdivision de l'espace communale en espace de projet, tout en tenant compte des principes directeurs de l'aménagement du territoire.

I. PRESENTATION ET DIAGNOSTIC DE LA COMMUNE DE SAABA

Note de la rédaction : Cette image a été supprimée pour des raisons de droits d'auteur.

Source : par Zah Marie SAWADOGO Université de Koudougou - Conseiller d'Education 2013

La commune de Saaba occupe une superficie de 446 km². Elle est l'une des six (06) Communes rurales de la Région du centre du Burkina Faso. Elle compte vingt-trois (23) villages administratifs et est limitée à l'Ouest par la Commune de Ouagadougou, au Sud et au Sud-Est par la Commune de Koubri, à l'Est par la Commune de Nagréongo et au Nord par les Communes de Loumbila et Ziniaré.

Les résultats des recensements de 1996 et 2006 ont permis de tirer le taux de croissance qui est de 5,35% pour la commune. Ce taux est relativement élevé par rapport au taux au niveau national qui se situait à 3,1% en moyenne entre 1996 et 2006. Les extrapolations faites à partir de ce taux se présentent comme suit : En considérant 2013 comme année de départ, en cinq ans, la population qui est de 73 319 habitants en 2013 atteindra 90 336 habitants en 2020.

Cependant, il faut noter que la commune est en pleine expansion à la faveur du lotissement et de sa proximité avec la ville de Ouagadougou, ce qui peut modifier considérablement l'accroissement de sa population.

La pluviométrie de SAABA en 2020 était de 400 mm d'eau par an.

I.   1. Diagnostic Agriculture

Elle constitue l'activité principale de la population de la Commune puisqu'elle reste pratiquée par plus de 85% de la population.

Source : https://pixabay.com/fr/photos/ma%c3%afs-sur-le-terrain-zea-mays-4503781/

C'est une agriculture de subsistance basée sur la production de céréales qui constituent l'alimentation de base de la population.

Les principales cultures céréalières sont le mil, le sorgho et le maïs.

Les principales cultures de rente sont le sorgho rouge, l'arachide, le niébé, le voandzou (pois de terre), le sésame et le riz.

Pour la campagne 2020, la production par types de spéculation se présente comme suit :

Tableau n°1 :   Situation de la production (2019-2020)

Spéculation	Superficie (ha)	Rendement (kg/ha)	Production (tonnes)
Mil	2498	650	1623
Sorgho	3224	800	2579
Mais	1338	1700	2274
Riz	102	2200	224
Arachide	464	500	232,5
Sésame	64	350	22
Niébé	661	500	330,5
Voandzou	83	500	41,5
Total	8434	7200	7326,5

L'agriculture de la Commune est de type extensif. Mais face à l'insuffisance des terres agricoles et à leur pauvreté croissante, les producteurs font beaucoup d'efforts actuellement dans le sens de la restauration et de la conservation des sols. Il s'agit essentiellement des activités de DRS/CES et de la production de la fumure organique.

Les productions de rentes et le surplus de produits vivriers (quand il y'en a) sont vendus dans les marchés locaux ou à Ouagadougou. Quant aux produits maraîchers, ils sont achetés sur place par des commerçants venant des villes voisines, soit acheminés à Ouagadougou.

I.   2. Diagnostic Urbanisme

Photo d'illustration

Note de la rédaction : Cette image a été supprimée pour des raisons de droits d'auteur.

Source : https://media.bazarafrique.com/upload/post/623246eb0ef8b623057950.png

Contraintes	Potentialités/Opportunités
Faible structuration de l'espace communal. Absence de lotissement dans certains villages. Absence de cimetière communal et villageois. Absence de place publique. Inhumation anarchique.	Proximité de Ouagadougou.
Propositions d'actions	**Objectifs spécifiques**
Lotissement des zones non loties. Accélération du processus de lotissement. Sensibilisation sur l'inhumation anarchique.	Développement harmonieux de la commune de Saaba.

I. 3. Diagnostic Environnement

– RESSOURCES FORESTIERES

La végétation rencontrée dans la Commune rurale de Saaba est de type savane arbustive à densité variable. Mais de façon générale, on y rencontre une formation plutôt clairsemée. Les espèces ligneuses les plus couramment rencontrées sont : les acacias, le vitteraria paradoxum (karité), Parkia biglobosa (néré), Lannéa microcarpa (raisinier), Sterculia setigera, Bombax costatum, Tamarindus indica (tamarinier), etc. Cette formation naturelle est parsemée de plantations individuelles généralement composées d'eucalyptus et de quelques fruitiers. On peut également citer au titre des plantations, la forêt communale de Barogho, réalisée en 1996, et celle de Tensobtenga en 2011.

Photo d'illustration

Note de la rédaction : Cette image a été supprimée pour des raisons de droits d'auteur.

Source : https://sentinellebf.com/wp-content/uploads/2020/08/Kua.jpg

A ces ensembles, s'ajoute la forêt classée et de réserve partielle de faune de Gonsé, qui a une superficie de 6300 ha et qui occupe la partie Est de la Commune. Classée depuis 1953 par arrêté N° 153/SE/F du 28 février 1953 conformément à l'esprit du décret du 4 juillet portant régime forestier en AOF, cette forêt a été déclassée en Conseil des Ministres du 4 juillet 2007 pour acquérir le statut de forêt classée et réserve partielle de faune. Ce nouveau statut lui confère une nouvelle vocation en plus d'être une zone de préservation de la biodiversité. Une partie de ce massif sera donc aménagée en parc à fonction éco touristique et d'éducation environnementale.

De façon générale, la végétation et l'ensemble des ressources forestières de la Commune connaissent une dégradation continue liée à la pression foncière, mais aussi et surtout à la demande d'énergie qui augmente avec la croissance de la Commune de Ouagadougou.

– FAUNES ET RESSOURCES PISCICOLES

Du fait de l'état assez dégradé du couvert végétal, de la saturation foncière, de l'insuffisance de réserves ou de massifs forestiers importants, de l'urbanisation croissante, l'habitat naturel de la faune se dégrade progressivement ce qui se traduit par une diminution de la population, composée essentiellement de petits gibiers (lièvres ; chats sauvages ; francolins, etc.).

Quant aux ressources piscicoles, elles sont peu importantes mais les aménagements de nouvelles retenues d'eau (tel que le barrage de Kango) et points d'eaux réalisés dans la Commune offrent quelques potentialités, notamment dans le domaine de la pisciculture.

II. CHOIX DES SECTEURS

Nous avons choisi de nous concentrer sur trois secteurs afin de mener la prospection de la commune de SAABA. Il s'agit de :

- L'agriculture,
- L'urbanisme,
- L'environnement.

III. IDENTIFICATION DES VARIABLES PAR SECTEUR

Chaque secteur est caractérisé par des variables.

III.1. Agriculture

Au terme de nos échanges nous avons choisi de nous concentrer sur 04 Variables concernant le secteur agricole :

- Pluviométrie,
- Production céréalière,
- Superficie de production agricole,
- Qualité des semences.

III.2. Urbanisme

Pour le secteur de l'urbanisme, 03 Variables ont été identifiées dont :

- Foncier,
- Logement,
- Routes.

III.3. Environnement

Concernant l'environnement, nous avons identifié également 03 variables sur lesquels nous allons travailler. Il s'agit de :

- Situation du couvert végétal,
- Changement climatique,
- Qualité de l'air.

IV. CLASSIFICATION DES VARIABLES : VARIABLES INTERNES ET EXTERNES

Secteurs	Variables internes	Variables externes
Agriculture	Pluviométrie	Qualité des semences
	Production céréalière	
	Superficie de production agricole	
Urbanisme	Foncier	Logement
		Routes
Environnement	Situation du couvert végétal	Changement climatique
	Qualité de l'air	

V. EXPLICITATION DES VARIABLES

V. 1. Explicitation des variables influençant l'évolution de l'agriculture

L'évolution de l'agriculture dépend de notamment la diminution et de l'augmentation de ses variables :

- Pluviométrie,
- Production céréalière,
- Superficie de production agricole,
- Qualité des semences.

a) Pluviométrie

Facteurs qui la caractérisent	Eléments d'explication des facteurs
Variation des pluies	L'augmentation et la baisse de la pluviométrie entraine une diminution ou une baisse des rendements. Il y a une absence de contrôle sur la pluviométrie. Elle est donc indépendante de l'action de l'homme et est causée par les variations climatiques

b) Production céréalière

Facteurs qui la caractérisent	Eléments d'explication des facteurs
Main d'œuvre	Une main d'œuvre qualifiée (chercheur pour la sélection des semences) et les agriculteurs aident à contribuer à augmenter la production. En cas d'insuffisances de cette main d'œuvre, la production céréalière décroit. La main d'œuvre est donc fonction de la qualité et quantité de chercheurs et d'agriculteurs présente dans la zone
Les équipements	La vétusté et le manque de certains équipements ne permettent pas souvent l'atteinte des rendements voulus par les producteurs. Par contre, la mécanisation agricole pourrait permettre d'améliorer la production. Il faut donc une disponibilité des équipements.

c) Superficie de production agricole

Facteurs qui la caractérisent	Eléments d'explication des facteurs
Terres cultivables	L'existence ou l'inexistence des terres cultivables permettent de déterminer le volume de la production. Les terres cultivables sont fonction de la pression foncière dans la zone

Bas-fonds aménagés	Les bas-fonds aménagés permettent de faire des cultures de contre saisons. Leur inexploitation pourrait augmenter l'insécurité alimentaire. La disponibilité des bas-fonds ou non dépend des populations et de l'état quant à l'aménagement.

d) Qualité des semences

Facteurs qui la caractérisent	Eléments d'explication des facteurs
Semences améliorées	Les centres de recherches comme INERA mettent à la disposition des producteurs des semences améliorées pour leur permettre d'accroitre leur production. Par ailleurs, la non maitrise des techniques d'utilisation des semences pourrait faire baisser les rendements.
Variétés des semences	Il existe une très grande variété des semences disponibilisées par les centres de recherches. Il se peut souvent que certaines de ses variétés ne soient pas adaptées dans certaines zones de la commune

V. 2. Explicitation des variables influençant l'évolution de l'urbanisation

La situation de l'urbanisation dépend notamment de la dégradation et de l'évolution des variables suivantes :

- Foncier,
- Logement,
- Routes.

a. Foncier

Facteurs qui la caractérisent	Eléments d'explication des facteurs
Spéculation foncière	La non maitrise de la spéculation foncière accroit le manque d'espace de cultures. Alors que sa maitrise pourrait entrainer une meilleure gestion de l'espace
Propriété foncière	La non maitrise par les acteurs des textes règlementaires sur la propriété foncière entraine des conflits communautaires. Alors que sa maitrise pourrait entrainer une meilleure gestion de l'espace

b. Logement

Facteurs qui la caractérisent	Eléments d'explication des facteurs
Promotion immobilière	La maitrise permet de fournir des logements décents aux populations et sa non maitrise pourrait accroitre la précarité et la multiplication des habitats spontanés
Habitations spontanées	Le développement des habitats spontanés impacte négativement la mise en œuvre du plan d'urbanisme de la ville. Néanmoins, il permet aux populations vulnérables d'avoir un toit.

c. Routes

Facteurs qui la caractérisent	Eléments d'explication des facteurs
Pistes rurales	Elles permettent de relier certains villages, or le non aménagement pourrait affecter négativement l'écoulement de la production agricole
Voies aménagées	Permettent de faciliter la circulation urbaine et contribuent également à l'installation anarchique des commerçants.

V. 3. Explicitation des variables influençant l'évolution de l'environnement

Rappelons que la situation environnementale dépend notamment de la dégradation et de l'évolution des variables suivantes :

- Situation du couvert végétal,
- Changement climatique,
- Qualité de l'air.

a. Situation du couvert végétal

Facteurs qui la caractérisent	Eléments d'explication des facteurs
Flore	La coupe abusive du bois, les feux de brousse, l'agriculture extensive entrainent l'érosion du couvert végétal et donc une destruction de la faune.
Faune	La faune est caractérisée par les espèces animales. Leur disparition dépend de l'avancée de la ville et de la non réglementation de la chasse dans la zone.

b. Changement climatique

Facteurs qui la caractérisent	Eléments d'explication des facteurs
Sècheresse	Ces dernières années on observe une augmentation de la sècheresse avec des périodes de chaleurs élevées. Cette sécheresse s'explique aussi par la coupe abusive du bois.
Inondations	Les inondations sont souvent observées entrainant la destruction des champs agricoles et des habitations. La forte présence des inondations s'explique par le fait qu'il existe des habitats spontanés.

c. Qualité de l'air

Facteurs qui la caractérisent	Eléments d'explication des facteurs
Pollution par les automobiles et motos à deux roues.	Les véhicules et moteurs polluent l'air de la commune de Saaba en dégageant du CO_2 toxique pour la population. Cette pollution est due au vieillissement des engins qui rentrent dans la commune.

VI. HYPOTHESES D'EVOLUTION

VI.1. Agriculture

- **VARIABLE 1 : LA PLUVIOMETRIE**

La pluviométrie dépend des conditions climatiques de la commune de SAABA. L'augmentation et la baisse de la pluviométrie entraine une diminution ou une baisse des rendements.

Il y a une absence de contrôle sur la pluviométrie.

Possibilité 1 : La pluviométrie de la commune de SAABA est bonne. Il pleut de Juin à octobre à hauteur de plus de 800 mm dans la zone. Cela entraine une hausse progressive des rendements agricoles.

Possibilité 2 : La pluviométrie de la commune de SAABA est mauvaise. Il pleut d'Aout à Septembre à hauteur de plus de 300 mm dans la zone. Cela entraine une baisse progressive des rendements agricoles.

- **VARIABLE 2 : PRODUCTION CEREALIERE**

La production céréalière dépend de deux grands facteurs que sont la main d'œuvre et ses équipements. De ce point de vue, la production céréalière pourrait évoluer de deux façons :

Possibilité 1 : Il y a une augmentation de la production céréalière. Cela se traduit par la présence d'une main d'œuvre qualifiée (chercheur pour la sélection des semences) et une mécanisation agricole qui pourrait permettre d'améliorer la production.

Possibilité 2 : Il y a une baisse de la production céréalière. Cela se traduit par l'insuffisance de la main d'œuvre, la vétusté et le manque de certains équipements.

- VARIABLE 3 : SUPERFICIE DE PRODUCTION AGRICOLE

Les superficies de production sont caractérisées par les terres cultivables et les Bas-fonds aménagés.

Possibilité 1 : Les superficies de productions sont existantes et bien exploitées.

Cela se traduit par une existence des terres cultivables permettant de déterminer le volume de la production. Aussi, les bas-fonds sont aménagés et permettent aussi de faire des cultures de contre saisons.

Possibilité 2 : Les superficies de productions décroisent fortement et ne sont pas exploitées.

En effet, on note que la décroissance et l'inexploitation des superficies des terres cultivables entrainent l'insécurité alimentaire dans la commune.

- VARIABLE 04 : Qualité des semences

Possibilité 1 : Les semences améliorées qui sont disponibilisées en grandes quantités pour les producteurs sont bien utilisées.

Cela se traduit par le fait que les centres de recherches comme INERA mettent à la disposition des producteurs des semences améliorées pour leur permettre d'accroitre leur production. Par ailleurs, la non maitrise des techniques d'utilisation des semences pourraient faire baisser les rendements.

Aussi, l'utilisation des variétés des semences disponibilisées par les centres de recherches permettront aussi d'avoir une production variée répondant aux besoins de tous.

Possibilité 2 : Les semences améliorées disponibilisées ne sont pas en quantité suffisante et les producteurs ne sont pas initiés à leur utilisation

Cette situation peut s'expliquer par le fait que les centres de recherches INERA mettront à la disposition des producteurs des semences améliorées, mais en quantité insuffisante qui ne leur permettent pas d'accroitre leur production. Par ailleurs, la non maitrise des techniques d'utilisation des semences fait baisser également les rendements.

Aussi, il se peut souvent que certaines de ces variétés ne soient pas adaptées dans certaines zones de la commune.

VI.2. Urbanisme

- **VARIABLE 1 : FONCIER**

Possibilité 1 : Maitrise de la gouvernance foncière dans la zone

La maitrise de la gouvernance foncière est déterminante pour le développement de la commune de Saaba. Si la spéculation foncière et la propriété foncière sont encadrées par des textes réglementaires qui sont réellement appliqués, elles pourraient entrainer une meilleure gestion de l'espace.

Possibilité 2 : il y a une forte pression foncière dans la commune de Saaba

La non maitrise de la spéculation foncière accroit le manque d'espace pour la production et la non maitrise par les acteurs des textes réglementaires sur la propriété foncière entraine des conflits communautaires.

- **VARIABLE 2 : LOGEMENT**

Possibilité 1 : Disponibilité des logements décents pour tous.

La maitrise de la promotion immobilière permet de fournir des logements décents aux populations. Il faut noter que tout compte fait, le développement des habitats spontanés permet aux populations vulnérables d'avoir aussi un toit où vivre.

Possibilité 2 : Accroissement des habitats spontanés

La non maitrise de la promotion immobilière pourraient accroitre la précarité et la multiplication des habitats spontanés et cela impactera négativement la mise en œuvre du plan d'urbanisme de la ville.

- **VARIABLE 03 : ROUTES**

Possibilité 1 : Développement des pistes rurales et des voies aménagées

Le développement des pistes rurales permettra de relier certains villages de la commune. Les voies aménagées faciliteront la circulation dans la commune de SAABA.

Possibilité 2 : Les pistes rurales et les voies aménagées sont délabrées et impraticables

Les délabrements des pistes rurales et des voies urbaines affectent négativement l'écoulement de la production agricole et contribuent également à l'installation anarchique au bord de la voie et à l'augmentation des accidents de la circulation.

VI.3. Environnement

- **VARIABLE 1 : Situation du couvert végétal**

Possibilité 1 : développement du couvert végétal

Le développement du couvert végétal stipule qu'il y a un fleurissement des espaces verts, des réserves et bois classés.

Des actions de reboisements sont observées partout dans la commune.

Des mesures sont entreprises pour sanctionner véritablement les acteurs de la coupe abusive du bois.

On observe également une augmentation des espèces fauniques comme les lièvres et autres animaux de brousse, dont la chasse nécessite une autorisation de la part de l'autorité compétente.

Possibilité 2 : Dégradation progressive du couvert végétal

La coupe abusive du bois, les feux de brousse, l'agriculture extensive entrainent l'érosion du couvert végétal et donc une destruction de la faune.

L'avancée de la ville et la non réglementation de la chasse dans la zone entrainent la disparition de la grande majorité de la faune.

- **VARIABLE 2 : Changements climatiques**

Possibilité 1 : Diminution des phénomènes de changements climatiques

On observe une diminution de la sècheresse dans la zone. Les pluies sont régulières et le contenu du couvert végétal est développé. On observe également des séances de reboisement à grande ampleur dans la zone.

Les inondations sont de moins en moins observées dans la commune.

Possibilité 2 : Augmentation des phénomènes de changements climatiques

L'augmentation des phénomènes de changements climatiques s'observe par une augmentation de la sècheresse avec des périodes de chaleurs élevées. Cette sécheresse s'explique en partie par le développement de la coupe abusive du bois.

En deuxième partie on aura une destruction des champs agricoles et des habitations due à des forts phénomènes d'inondations. La forte présence des inondations s'explique par le fait qu'il existe des habitats spontanés mal repartis.

- **VARIABLE 3 : QUALITE DE L'AIR**

Possibilité 1 : La qualité de l'air est bonne

Cette bonne qualité est due au fait qu'il y a une réduction de la pollution de l'air par les gaz à effet de serre. Il y a une réduction du nombre de motos et véhicules. Il y a une réglementation quant à l'entrée des engins dans la ville.

Possibilité 2 : La qualité de l'air est dégradée

La dégradation de la qualité de l'air est due à la pollution des automobiles et motos à deux roues. Les véhicules et moteurs polluent l'air de la commune de Saaba en dégageant du CO_2 toxique pour la population et causant des maladies respiratoires.

Cette pollution est due aussi au vieillissement des engins qui rentrent dans la commune.

VII. SYNTHESE ET TITRE DES HYPOTHESES PAR SECTEUR

VII.1. Agriculture

Variable	Hypothèse optimiste	Hypothèse pessimiste
LA PLUVIOMETRIE	La pluviométrie de la commune de SAABA est bonne	La pluviométrie de la commune de SAABA est mauvaise
PRODUCTION CEREALIERE	Il y a une augmentation de la production céréalière	Il y a une baisse de la production céréalière
SUPERFICIE DE PRODUCTION AGRICOLE	Les superficies de productions sont existantes et bien exploitées	Les superficies de productions décroissent fortement et ne sont pas exploitées
Qualité des semences	Les semences améliorées qui sont disponibilisées en grandes quantités pour les producteurs sont bien utilisées	Les semences améliorées qui sont disponibilisées ne sont pas en quantité suffisante et les producteurs ne sont pas initiés à leur utilisation
Synthèse	La pluviométrie de la commune de SAABA est bonne. Il y a une augmentation de la production céréalière. Les superficies de productions sont existantes et bien exploitées Les semences améliorées qui sont disponibilisées en grandes quantités pour les producteurs sont bien utilisées	La pluviométrie de la commune de SAABA est mauvaise Il y a une baisse de la production céréalière Les superficies de productions décroissent fortement et ne sont pas exploitées Les semences améliorées qui sont disponibilisées ne sont pas en quantité suffisante et les producteurs ne sont pas initiés à leur utilisation
Titre	**La production agricole est en pleine croissance**	**La production agricole est faible**

VII.2. Urbanisme

Variable	Hypothèse optimiste	Hypothèse pessimiste
FONCIER	Maitrise de la gouvernance foncière dans la zone	Il y a une forte pression foncière dans la commune de Saaba
LOGEMENT	Disponibilité des logements décents pour tous	Accroissement des habitats spontanés
Routes	Développement des pistes rurales et des voies aménagées	Les pistes rurales et les voies aménagées sont délabrées et impraticables
Synthèse	Maitrise de la gouvernance foncière dans la zone Disponibilité des logements décents pour tous Développement des pistes rurales et des voies aménagées	Il y a une forte pression foncière dans la commune de Saaba Accroissement des habitats spontanés Les pistes rurales et les voies aménagées sont délabrées et impraticables
Titre	**L'urbanisation est en plein essor dans la commune de Saaba**	**La commune connait une mauvaise urbanisation horizontale**

VII.3. Environnement

Variable	Hypothèse optimiste	Hypothèse pessimiste
Situation du couvert végétal	Développement du couvert végétal	Dégradation progressive du couvert végétal
Changements climatiques	**Diminution** des phénomènes de changements climatiques	Augmentation des phénomènes de changements climatiques
QUALITE DE L'AIR	La qualité de l'air est bonne	La qualité de l'air est dégradée
Synthèse	Développement du couvert végétal **Diminution** des phénomènes de changements climatiques	Dégradation progressive du couvert végétal

| | La qualité de l'air est bonne | Augmentation des phénomènes de changements climatiques

La qualité de l'air est dégradée |
|---|---|---|
| **Titre** | **La protection de l'environnement est une réalité** | **L'environnement connait une forte dégradation** |

VIII. SYNTHESE DES HYPOTHESES PAR SECTEURS ET TITRES

Secteurs	**Hypothèses**				
	Hypothèse optimiste	**Hypothèse aménagée 1**	**Hypothèse aménagée 2**	**Hypothèse aménagée 3**	**Hypothèse pessimiste**
Agriculture	La production agricole est en pleine croissance	La production agricole est en pleine croissance	La production agricole est faible	La production agricole est faible	La production agricole est faible
Urbanisme	L'urbanisatio n est en plein essor dans la commune de Saaba	La commune connait une mauvaise urbanisation horizontale de Saaba	L'urbanisation est en plein essor dans la commune de Saaba	L'urbanisation est en plein essor dans la commune de Saaba	La commune connait une mauvaise urbanisation horizontale
Environneme nt	La protection de l'environneme nt est une réalité	L'environnem ent est fortement dégradé	L'environnem ent est fortement dégradé	La protection de l'environneme nt est une réalité	L'environnem ent est fortement dégradé
Synthèse	Dans la commune de SAABA, la production agricole est en pleine croissance, l'urbanisation est en plein essor dans la commune de Saaba et la	Dans la commune de SAABA, la production agricole est en pleine croissance, connait une mauvaise urbanisation horizontale et l'environneme	Dans la commune de SAABA, La production agricole est faible, l'urbanisation est en plein essor mais l'environneme nt est	Dans la commune de SAABA, la production agricole est faible, l'urbanisation est en plein essor et la protection de l'environneme	Dans la commune de SAABA, la production agricole est faible, connait une mauvaise urbanisation horizontale et l'environneme nt connait une

	protection de l'environneme nt est une réalité.	nt est fortement dégradé	fortement dégradé	nt est une réalité	forte dégradation
Titres	**La commune de SAABA en émergence**	**La commune de SAABA est émergente dans le secteur agricole**	**La commune de SAABA connait une forte urbanisation**	**La commune de SAABA connait une forte urbanisation et une meilleure gestion de l'environneme nt**	**La commune de SAABA connait des difficultés de décollage pour son développemen t**

Choix de garder deux hypothèses par secteur

Secteurs	**Hypothèses**	
	Hypothèses optimistes	**Hypothèses pessimistes**
Agriculture	La production agricole est en pleine croissance	La production agricole est faible
Urbanisme	L'urbanisation est en plein essor dans la commune de Saaba	La commune connait une mauvaise urbanisation horizontale
Environnement	La protection de l'environnement est une réalité	L'environnement est fortement dégradé
Synthèse	Dans la commune de SAABA, la production agricole est en pleine croissance, l'urbanisation est en plein essor dans la commune de Saaba et la protection de l'environnement est une réalité.	Dans la commune de SAABA, la production agricole est faible, connait une mauvaise urbanisation horizontale et l'environnement connait une forte dégradation
Titre	**La commune de SAABA en émergence**	**La commune de SAABA connait des difficultés de décollage pour son développement**

IX. SCENARIOS D'EVOLUTION POSSIBLE DE LA COMMUNE DE SAABA A L'HORIZON 2040

Le croisement et la combinaison des hypothèses par secteur ont permis d'obtenir deux principaux scenarios globaux qui constituent les scénarios extrêmes qui encadrent les scénarios possibles d'évolution de la commune de SAABA.

CALCUL DES TENDANCES

Population		
Tendance	**Population**	**Taux (%)**
SITUATION EN 2020	90 336	5.35
TENDANCE SPONTANEE 2040	256 184	5.35
TENDANCE AMENAGEE 2040 Hypothèse pessimiste	421 053	8
TENDANCE AMENAGEE 2040 Hypothèse optimiste	134 235	2
Agriculture (pluviométrie)		
Tendance	**Pluviométrie**	**Taux**
SITUATION EN 2020	400 mm	1
TENDANCE SPONTANEE 2040	488 mm	1
TENDANCE AMENAGEE 2040 Hypothèse pessimiste	267 mm	-0.2
TENDANCE AMENAGEE 2040 Hypothèse optimiste	631 mm	2.3

Agriculture (production céréalière)		
Tendance	Production céréalière	Taux
SITUATION EN 2020	7 326,5 Tonnes	1
TENDANCE SPONTANEE 2040	8 939,72 Tonnes	1
TENDANCE AMENAGEE 2040 Hypothèse pessimiste	4 891,22 Tonnes	-2
TENDANCE AMENAGEE 2040 Hypothèse optimiste	635 472,57 Tonnes	25
Agriculture (superficies de production)		
Tendance	Superficies de production	Taux
SITUATION EN 2020	8 434 ha	1
TENDANCE SPONTANEE 2040	10 291,08 ha	1
TENDANCE AMENAGEE 2040 Hypothèse pessimiste	731532,88 ha	25
TENDANCE AMENAGEE 2040 Hypothèse optimiste	8604,29 ha	0.1

IX.1. Scénario 01 : La commune de SAABA en émergence

Le scénario « la commune de SAABA en émergence » est un scénario qui montre que la commune est en pleine expansion dans son développement. Les paramètres de ce scénario sont : (i) Agriculture : La pluviométrie de la commune de SAABA est bonne, l'augmentation de la production céréalière, les superficies de productions sont existantes et bien exploitées, les semences améliorées qui sont disponibilisées en grandes quantités pour les producteurs sont bien utilisées. La combinaison de ces différents facteurs permettent de développer l'agriculture et de créer un contexte favorable au développement des activités agro-sylvo-pastorales et à l'amélioration des conditions de vie des populations, donc de noter que la production agricole est en pleine croissance.(ii) Urbanisme : l'urbanisation est en plein essor dans la commune de Saaba et est caractérisée par une bonne maitrise de la gouvernance foncière dans la zone, une disponibilité des logements décents pour tous et un développement des pistes rurales et des voies aménagées. (iii) Environnement : la protection de l'environnement est une réalité la commune de SAABA et est caractérisée par un développement du couvert végétal, une diminution des phénomènes de changements climatiques et la présence d'une bonne qualité de l'air dans la commune.

La structure fondamentale de ce scénario optimiste repose sur les trois piliers suivants :

1. La production agricole en pleine croissance est caractérisée par une gestion rationnelle et efficace de l'espace de production, des semences et une bonne pluviométrie.

Les variables fondamentales de ce pilier ont été estimées comme suit :

- La pluviométrie de la commune de SAABA est bonne et connait une hausse progressive de 2020 à 2040. Elle passe de de 400 mm à 631 mm

Tableau 1 : Evolution de la pluviométrie :

Pluviométrie en 2020	Taux d'évolution	Pluviométrie en 2040
400 mm	2.3	631 mm

- Il y a une augmentation de la production céréalière de 2020 à 2040. Elle va de 7 326,5 Tonnes à 635 472,57 Tonnes

Tableau 2 : évolution de la production céréalière

Production céréalière en 2020	Taux d'évolution	Production céréalière en 2040
7 326,5 Tonnes	25%	635 472,57 Tonnes

- Les superficies de productions ont légèrement augmenté et sont bien exploitées de 2020 à 2040.
  Elles ont augmenté de 8434 ha à 8 604,29 ha.

Tableau 3 : évolution des superficies de production

Superficies de production en 2020	Taux d'évolution	Superficie de production en 2040
8434 ha	0.1 %	8 604,29 ha

- Les semences améliorées qui sont disponibilisées en grandes quantités pour les producteurs sont bien utilisées en 2040.

En effet, cela se traduit par le fait que les centres de recherches comme INERA mettent à la disposition des producteurs des semences améliorées pour leur permettre d'accroitre leur production. Aussi, l'utilisation des variétés des semences disponibilisées par les centres de recherches permettront aussi d'avoir une production variée répondant aux besoins de tous.

2. L'urbanisation est en plein essor dans la commune de Saaba et est caractérisée par une bonne gestion des opérations foncières et du développement des infrastructures.

Les variables fondamentales de ce pilier ont été estimées comme suit :

- Une bonne maitrise de la gouvernance foncière dans la zone

L'évolution de ce scenario est caractérisée par la maitrise de la gouvernance foncière dans la commune. On observera une spéculation foncière rationnelle et la propriété foncière sera encadrée par des textes réglementaires qui sont réellement appliqués, entrainant une meilleure gestion de l'espace.

- Une disponibilité des logements décents pour tous

Le Scénario d'évolution de la maitrise des logements décents s'exprimera par une bonne maitrise de la promotion immobilière qui permettra de fournir des logements décents aux populations. Par ailleurs, on notera également la présence de quelques habitats spontanés permettant aux populations vulnérables d'avoir aussi un toit où vivre en attendant des opérations de lotissement.

Le développement des pistes rurales permettra de relier certains villages de la commune. Les voies aménagées faciliteront la circulation dans la commune de SAABA.

- Un développement des pistes rurales et des voies aménagées

Le développement des pistes rurales permet de relier certains villages de la commune. Les voies aménagées facilitent la circulation dans la commune de SAABA.

Il se traduira par l'évolution des pistes et voies aménagées.

3. La protection de l'environnement est une réalité pour la commune de SAABA et est caractérisée par un développement du couvert végétal, un redressement des phénomènes de changements climatiques et la présence d'une bonne qualité de l'air dans la commune.

Les variables fondamentales de ce pilier ont été estimées comme suit :

- Développement du couvert végétal

Le développement du couvert végétal stipule qu'il y a un fleurissement des espaces verts, des réserves et bois classés. Des actions de reboisements sont observées partout dans les communes. Des mesures sont entreprises pour sanctionner véritablement les acteurs de la coupe abusive du bois. On observe également une augmentation des espèces fauniques comme les lièvres et autres animaux de brousse, dont la chasse nécessite une autorisation de la part de l'autorité compétente.

- Diminution des phénomènes de changements climatiques

On observe une diminution de la sècheresse dans la zone. Les pluies sont régulières, et le contenu du couvert végétal est développé. On observe également des séances de reboisement à grande ampleur dans la zone.

Les inondations sont de moins en moins observées dans la COMMUNE

- La qualité de l'air est bonne

Cette bonne qualité est dû au fait qu'il y a une réduction de la pollution de l'air par les gaz à effet de serre. Il y a une réduction du nombre de motos et véhicules. Il y a une réglementation quant à l'entrée des engins dans la ville.

IX.2. Scénario 02 : La commune de SAABA connait des difficultés de décollage pour son développement

Le scénario « La commune de SAABA connait des difficultés de décollage pour son développement » est un scénario pessimiste qui montre que la commune est en plein déclin dans son développement. Les paramètres de ce scénario sont : (i) Agriculture : La production agricole est faible et s'explique par le fait que la pluviométrie de la commune de SAABA est mauvaise, ce qui entraine une baisse de la production céréalière. Et aussi, nous observons qu'il y a une décroissance forte des superficies de productions et le peu qui reste n'est pas exploité.

En plus, les semences améliorées et disponibilisées ne sont pas en quantité suffisante, les producteurs ne sont pas initiés à leur utilisation. Tout ceci a contribué à baisser fortement les rendements. (ii) Urbanisme : La commune connait une mauvaise urbanisation horizontale s'expliquant par la une forte pression foncière dans la commune, l'accroissement des habitations spontanées et le délabrement des pistes rurales et les voies aménagées qui deviennent impraticables. (iii) Environnement : L'environnement est fortement dégradé. Traduit par une dégradation progressive du couvert végétal, une augmentation des phénomènes de changements climatiques et une qualité de l'air qui est dégradée.

La structure fondamentale de ce scénario pessimiste repose sur les trois piliers suivants :

1) La production agricole est faible et est en pleine décroissance. Elle est caractérisée par une gestion mauvaise et inefficace de l'espace de production, des semences et une mauvaise pluviométrie.

Les variables fondamentales de ce pilier ont été estimées comme suit :

- La pluviométrie de la commune de SAABA est mauvaise et connait une régression de 2020 à 2040. Elle passe de 400 mm à 267 mm ce qui affectera fortement les rendements agricoles qui vont baisser.

Tableau 4 : régression de la pluviométrie :

Pluviométrie en 2020	Taux d'évolution	Pluviométrie en 2040
400 mm	-0.2	267 mm

- Il y a une production agricole faible des céréales en 2040. Cela s'explique par le fait que la production passe de 7 326,5 Tonnes en 2020 à 4 891,22 Tonnes en 2040. Cette baisse s'explique par la baisse de la pluviométrie.

Tableau 5 : Tonnes de réduction de la production céréalière

Production céréalière en 2020	Taux d'évolution	Production céréalière en 2040
7 326,5 Tonnes	- 2 %	4 891,22 Tonnes

- Les superficies de productions ont fortement augmenté et sont mal exploitées à l'an 2040 à cause de l'appauvrissement des terres, des migrations et la recherche de terres plus fertiles. Ils passent de 8434 ha en 2020 à 731 532,88 ha.

Tableau 6 : de réduction des superficies de production

Superficies de production en 2020	Taux d'évolution	Superficie de production en 2040
8434 ha	25%	731532,88 ha

- Les semences améliorées qui sont disponibilisées ne sont pas en quantité suffisante et les producteurs ne sont pas initiés à leur utilisation en 2040.
  En effet, cela se traduit par le fait que les centres de recherches comme INERA mettent à la disposition des producteurs des semences améliorées en quantité insuffisante qui ne leur permettent pas d'accroitre leur production. Aussi, l'utilisation des variétés des semences disponibilisées par les centres de recherches ne correspondent pas aux terres cultivables, ce qui ne permet pas d'avoir une production variée répondant aux besoins des populations.

2) La commune connait une mauvaise urbanisation horizontale qui est caractérisée par une mauvaise gestion des opérations foncières et une dégradation des infrastructures routières.

Les variables fondamentales de ce pilier ont été estimées comme suit :

- Une mauvaise gouvernance dans la zone

Ce scenario est caractérisé par la non maitrise de la gouvernance foncière dans la commune. On observera une spéculation foncière irrationnelle et une forte pression qui ne sera pas encadrée par des textes réglementaires rigoureux, et de plus, ils n'auront pas été réellement appliqués, entrainant une mauvaise utilisation de l'espace communal à des opérations illégales de promotion immobilières.

- Il y a un accroissement des habitats spontanés

Le Scénario d'accroissement des habitats spontanés se traduit par une absence totale de la maitrise de la promotion immobilière qui ne permet pas de fournir des logements décents aux populations. Par ailleurs, on note également la présence de plusieurs habitats spontanés qui plongent la population dans la précarité et qui les rendent de plus en plus vulnérables.

- Un délabrement des pistes rurales et les voies aménagées qui deviennent impraticables

Le délabrement des pistes rurales ne permet de relier certains villages de la commune. Les voies aménagées sont fortement dégradées et ne facilitent pas la circulation dans la commune de SAABA.

3) L'environnement est fortement dégradé dans la commune de SAABA et est caractérisé par une très grande dégradation des forêts classées, du couvert végétal, une augmentation des phénomènes de changements climatiques et une mauvaise qualité de l'air dans la commune.

Les variables fondamentales de ce pilier ont été estimées comme suit :

- Dégradation du couvert végétal

La dégradation du couvert végétal sous-entend qu'il y a un une désagrégation des espaces verts, des réserves et bois classés de Barogho, de Tensobtenga, de Gonsé. Les actions de reboisements sont quasiment inexistantes et ceux observées partout dans la commune sont nulles d'effet. Aucune mesure n'est entreprise pour sanctionner véritablement les acteurs de la coupe abusive du bois. On observe également des disparitions des espèces fauniques comme les lièvres et autres animaux de brousse, dont la chasse est anarchique et nécessite aucune autorisation de la part de l'autorité compétente.

- Diminution des phénomènes de changements climatiques

On observe une augmentation cruciale de la sécheresse dans la zone. Les pluies sont irrégulières et le contenu du couvert végétal est totalement dégradé. On n'observe pas de séances de reboisement à grande ampleur dans la zone, faisant de la zone une zone très désertique.

Les inondations sont de moins en moins observées dans la COMMUNE.

- La qualité de l'air est mauvaise

Cette mauvaise qualité est dû au fait qu'il y a une augmentation de la pollution de l'air par les gaz à effet de serre engendrés par les véhicules et motos de mauvaise qualité qui entrent dans la commune. Cela s'explique aussi par une absence de législation forte pour règlementer l'entrée des engins.

IX.3. SCENARIO 3 : SCENARIO RETENU

Le scénario retenu est : « La commune de SAABA en émergence dans tous les secteurs ».

Il s'appuie sur le scénario « La commune de SAABA en émergence » en le rendant plus pragmatique ; il prend en compte pour les enrayer, les facteurs négatifs du scénario « La commune de SAABA connait des difficultés de décollage pour son développement » et les prescriptions du Schéma d'aménagement de la commune de SAABA. C'est donc pour anticiper sur les éventuelles ruptures, un scénario volontariste et assez optimiste à partir duquel sera élaboré le projet de territoire pour la commune de SAABA.

Photo : La commune de SAABA en émergence dans tous les secteurs

Source : https://pixabay.com/fr/photos/ville-immeubles-l-architecture-182223/

Les hypothèses sont presque les mêmes que le scénario « La commune de SAABA en émergence » cependant elles sont modulées sur les aspects suivants :

- La production agricole est en pleine croissance en 2040 avec une légère hausse de la pluviométrie des superficies fertiles donnant des hauts rendements.
- L'urbanisation est en plein essor dans la commune de Saaba en 2040 avec le développement des infrastructures aménagées, des logements et une maitrise de la gouvernance foncière
- La protection de l'environnement est une réalité avec le reboisement des forêts classées et la diminution des inondations en 2040

CALCUL DES TENDANCES DU SCENARIO RETENU

Population		
Tendance	**Population**	**Taux (%)**
SITUATION EN 2020	90 336	5.35
TENDANCE AMENAGEE 2040 Hypothèse Aménagée	121 669	1,5
Agriculture (pluviométrie)		
Tendance	**Pluviométrie**	**Taux**
SITUATION EN 2020	400 mm	1
TENDANCE AMENAGEE 2040 Hypothèse Aménagée	618 mm	2.2
Agriculture (production céréalière)		
Tendance	**Production céréalière**	**Taux**
SITUATION EN 2020	7 326,5 Tonnes	1
TENDANCE AMENAGEE 2040 Hypothèse Aménagée	280 880,42 Tonnes	20

Agriculture (superficies de production)		
Tendance	Superficies de production	Taux
SITUATION EN 2020	8 434 ha	1
TENDANCE AMENAGEE 2040 Hypothèse Aménagée	8552,86 ha	0.07

DETAILS DU SCENARIO RETENU

1. Agriculture

Les hypothèses qui sont fixées pour le secteur agricole dans le cadre du scénario retenu sont les suivantes :

- La pluviométrie de la commune de SAABA est bonne.
- Il y a une augmentation de la production céréalière.
- Les superficies de productions sont existantes et bien exploitées
- Les semences améliorées qui sont disponibilisées en grandes quantités pour les producteurs sont bien utilisées

Les piliers se présentent comme suit :

La pluviométrie augmentera de 400 mm en 2020 à 618 mm en 2040

Tableau 7 : Evolution de la pluviométrie :

Pluviométrie en 2020	Taux d'évolution	Pluviométrie en 2040
400 mm	2.2	618 mm

La production céréalière passera de 7 326,5 Tonnes en 2020 à 280 880,42 Tonnes en 2040

- **Tableau 8 : évolution de la production céréalière**

Production céréalière en 2020	Taux d'évolution	Production céréalière en 2040
7 326,5 Tonnes	20%	280 880,42 Tonnes

Les superficies de production passeront de 8434 ha en 2020 à 8552,86 ha en 2040.

- **Tableau 9 : évolution des superficies de production**

Superficies de production en 2020	Taux d'évolution	Superficie de production en 2040
8434 ha	0.07%	8552,86 ha

- Les semences améliorées qui sont disponibilisées en grandes quantités pour les producteurs sont bien utilisées en 2040.

2. Urbanisme

Les hypothèses qui sont fixées pour le secteur de l'urbanisme dans le cadre du scénario retenu sont les suivantes :

- Maitrise de la gouvernance foncière dans la zone
- Disponibilité des logements décents pour tous
- Développement des pistes rurales et des voies aménagées

Les piliers se présentent comme suit :

- La maitrise de la gouvernance foncière dans la commune. On observera une spéculation foncière rationnelle et la propriété foncière sera encadrée par des textes réglementaires qui sont réellement appliqués, entrainant une meilleure gestion de l'espace.
- La maitrise des logements décents s'exprimera par une bonne maitrise de la promotion immobilière qui permettra de fournir des logements décents aux populations. Par ailleurs, on notera également la présence de quelques habitats spontanés permettant aux populations vulnérables d'avoir aussi un toit où vivre en attendant des opérations de lotissement.
- Le développement des pistes rurales permettra de relier certains villages de la commune. Les voies aménagées faciliteront la circulation dans la commune de SAABA.

3. Environnement

Les hypothèses qui sont fixées pour le secteur de l'environnement dans le cadre du scénario retenu sont les suivantes :

- Développement du couvert végétal
- Diminution des phénomènes de changements climatiques
- La qualité de l'air est bonne

Les piliers se présentent comme suit :

- Le développement du couvert végétal stipule qu'il y a un fleurissement des espaces verts, des réserves et bois classés. Des actions de reboisements sont observées partout dans la commune. Des mesures sont entreprises pour sanctionner véritablement les acteurs de la coupe abusive du bois. On observe également une augmentation des espèces fauniques comme les lièvres et autres animaux de brousse, dont la chasse nécessite une autorisation de la part de l'autorité compétente.

- On observe une diminution de la sécheresse dans la zone. Les pluies sont régulières, et le contenu du couvert végétal est développé. On observe également des séances de reboisement à grande ampleur dans la zone.
- Les inondations sont de moins en moins observées dans la COMMUNE
- Cette bonne qualité est dû au fait qu'il y a une réduction de la pollution de l'air par les gaz à effet de serre.
- Il y a aussi une réduction du nombre de motos et véhicules. Il y a une réglementation quant à l'entrée des engins dans la ville.

STRATEGIE DE MISE EN OEUVRE DU SCENARIO RETENU

A partir des conclusions du diagnostic et des scénarios possibles dégagés, il apparaît que le développement de la commune de SAABA est basé sur la combinaison du secteur de l'Agriculture, de l'urbanisation et de l'environnement. Ce scénario retenu implique de lever les contraintes comme la pression foncière, la dégradation de l'environnement et la non disponibilisation des semences que connait la commune de SAABA.

Cette stratégie sera mise en œuvre à travers un modèle de développement qui s'appuie sur la structuration du territoire communal en espaces de projets selon leurs spécificités. Trois types d'espaces de projets sont retenus :

- L'espace de projet « Développement de la production agricole » ;
- L'espace de projet « Urbanisation de la commune » ;
- L'espace de projet « Gouvernance et protection de l'environnement » ;

Les espaces de projet sont des pôles de croissance et de développement dirigés chacun par une Unité de gestion d'espace de projet à la tête de laquelle est nommé un Coordonnateur. Ce sont des espaces d'activités sectorielles ou des zones spécialisées qui nécessiteront des actions fortes en matière d'organisation en termes de réseau, de filières, de formations techniques, d'équipement, et de mise en œuvre de stratégie de développement. Chaque site est un espace d'activités à structurer, à doter d'un plan de développement stratégique basé sur les acteurs et les entreprises qui l'occupent, plan qui leur permet d'avoir une bonne connaissance du contexte et une vision qui les projette dans l'avenir.

Le modèle de développement, en définissant des priorités pour chaque espace, fait la promotion d'un développement harmonieux et équilibré de tous les espaces de la commune selon leurs fonctions. Ainsi, chaque espace de projet jouera sa partition au service de l'ensemble communal. L'objectif visé est le développement durable dans lequel les générations actuelles sont épanouies et préservent les ressources pour les générations futures.

Ce modèle de développement s'appuie sur les potentialités de la commune de SAABA. Il renforce les capacités des ressources humaines et développe des infrastructures et équipements modernes et performants pour mettre en valeur ces potentialités.

A : L'espace de projet « Développement de la production agricole » :

La vocation de cet espace est de fournir à toute la commune de SAABA, à la ville de OUAGADOUGOU, à la province et au reste du Burkina Faso des produits agricoles de qualité grâce à l'espace qu'occupent les cultures céréalières du territoire de la commune. Cet espace est intensif et est caractérisé par la production céréalière. Tout espace affecté à la production céréalière doit tendre au moins vers l'intensification.

Objectifs du projet : Augmenter la production céréalière à 280 880,42 Tonnes avec une superficie de 8552,86 ha en 2040.

Activités :

- Identifier les sites
- Mettre en place un comité de gestion
- Mobiliser les ressources
- Aménager des sites de productions
- Fertiliser les terres
- Sensibiliser la population sur les enjeux de la pression foncière
- Former les producteurs
- Rendre disponible les semences améliorées
- Exploiter les sites
- Construire des magasins de stockages
- Créer une chaine d'écoulement
- Suivre et évaluer le processus

B : L'espace de projet « Urbanisation de la commune » :

Cet espace est marqué par le développement des infrastructures économiques, d'habitats etc… Cet espace sera l'objet de mesures d'urbanismes pour résorber les carences constatées et construire une armature communale développée selon les prescriptions des documents d'urbanismes (SDAU et POST).

Il y aura également un développement des logements sociaux de base, suivant l'urbanisation verticale avec des lotissements bien encadrés par l'autorité.

Des réseaux de communication (pistes rurales et voies aménagées, etc.) et des réseaux techniques (eau, électricité, téléphone) sont aménagés et équipés.

Les routes communales permettent de relier la commune au reste du pays. Elles seront toutes bitumées. Un effort sera fait pour les réaménager et ces infrastructures serviront aussi à désenclaver les zones de production afin d'acheminer les produits vers les marchés et les centres de transformation.

Objectif de l'espace Projet : Offrir des infrastructures décentes à la commune

Activités

-   Lotir la commune de Saaba
-   Construire et réhabiliter les infrastructures administratives dégradées
-   Construire les logements sociaux
-   Aménager les pistes rurales
-   Aménager les voies communales
-   Réaménager les caniveaux
-   Entretenir hebdomadairement des voies
-   Sécuriser le foncier
-   Organiser des sensibilisations sur les effets néfastes des habitats spontanés.
-   Electrifier des voies
-   Créer de marchés
-   Adopter les textes règlementaires sur le foncier communal
-   Mettre en place un plan d'occupation des sols

C : L'espace de projet « Gouvernance et protection de l'environnement » :

Il comprend une partie forestière et une partie faunique. Il servira à mettre en valeur le grand potentiel composé de la savane arbustive et herbeuse (50% du territoire communale), la steppe arbustive et herbeuse (10%), la savane arborée (10%) et du domaine forestier de trois (03) forets classés : Barogho, Tensobtenga, Gonsé. Ces zones joueront deux fonctions principales :

1) Fonction traditionnelle : soutien à l'agriculture contribution à la sécurité alimentaire et à la lutte contre la mal nutrition grâce aux multiples apports en protéines végétales et animales, soins de santé humaine et animale, maintien des grands équilibres socio-écologiques et des fonctions socio-culturelles. Lutte contre le réchauffement climatique à travers la séquestration du carbone ;

2) fonction nouvelle dans le cadre du schéma : production de biens économiques financièrement rentables. Ces zones seront spécialisées dans la production de produits forestiers non ligneux (PFNL) et ligneux, de diverses espèces de faune selon, à l'exemple du coton, l'approche filière comme chaîne de valeur articulée sur les pôles de croissance et de développement que sont les espaces de projet.

Objectif : Renforcer la gestion de l'environnement et lutter contre les changements climatiques.

Activités

-   Organiser des campagnes de sensibilisations des habitants sur plusieurs thématiques liées à la protection de l'environnement ;
-   Renforcer les capacités des services techniques ;
-   Organiser des reboisements des trois forets et des espaces verts de la commune ;
-   Organiser des journées de salubrité ;
-   Mettre en place un mécanisme de gestion des déchets communaux ;
-   Curer les caniveaux ;
-   Renforcer les capacités de la jeunesse.

L'étude prospective de la commune de Saaba est la résultante d'un exercice complexe qui fait ressortir les avantages de la prospective pour une localité donnée. Cette démarche de science sociale à la fois bénéfique et traversable est qualifiée dans ce contexte de développement local comme un procédé d'analyse, d'appréhension d'un système complexe privilégiant l'approche globale par rapport à l'étude exhaustive des détails.

Le diagnostic qui a été fait a mis l'accent sur trois aspects à savoir l'environnement, l'agriculture et l'urbanisme. Mais dans la réalité, pour impulser un développement véritable, le diagnostic doit être fait sur tous les aspects de l'espace considéré. Scientifiquement, cela renvoi aux différents milieux de l'aménagement du territoire dont le milieu physique, humain et économique, chacun avec sa composition. Mais pour une question d'exercice et de synthèse pour montrer l'importance et la méthodologie à utiliser quand on fait le choix.

Le choix des variables a consisté à faire une analyse retro prospective afin de choisir 03 variables par secteur qui influent sur la zone d'étude pour un développement local concerté. Pour le cas de cette étude, les variables mis en avant sont des variables incontournables dans ces secteurs. Pour l'agriculture, les variables pluviométrie, production céréalière et superficie de production agricole ont été choisis et traité avec la plus grande attention. Pour le secteur de l'urbanisme, les variables identifiées sont le foncier, le logement et les routes. Enfin concernant l'environnement, nous avons identifié également les variables situation du couvert végétal, changement climatique et qualité de l'air.

Apres la classification des variables, les explications ont permis de comprendre chaque variable influençant les différents secteurs.

La prospective pratique ayant conduit à la modélisation de chaque hypothèse par secteur et par variable a permis de montrer les différentes possibilités d'avenir des secteurs mis en avant pour l'étude. La synthèse du secteur agricole, de l'urbanisme et de l'environnement a été méthodique et a permis de proposer les différents scenarios d'évolution possible de la commune de SAABA à l'horizon 2040 avec les calculs des tendances avec des taux laissés à l'appréciation des auteurs. Dans la pratique, ces taux doivent être considéré selon les normes nationales ou communautaires.

Le premier Scenario tiré à travers les calculs des tendances montre une commune en émergence à l'horizon 2040. L'analyse critique de cette proposition suppose une harmonisation des différentes indicateurs mis en évidence, grâce à une prise en compte des besoins réels de la population. Cela se traduit certes par un développement du secteur agricole, une bonne urbanisation tenant compte des spécificités locales, et une préservation de l'environnement sur tous les plans.

La commune de SAABA connait des difficultés de décollage pour son développement qui constitue le deuxième scénario se traduit par une baisse de la productivité, une mauvaise urbanisation avec l'anarchie de la promotion immobilière provoquant une dégradation du couvert végétal.

Grace à ces deux scenarios retenus et à leur explications, l'analyse transversale permet de dégager un scenario retenu qui est « La commune de SAABA en émergence dans tous les secteurs ». Il s'appuie sur le scénario « La commune de SAABA en émergence » en le rendant plus réaliste. Il prend aussi en compte, les facteurs négatifs du scénario « La commune de SAABA connait des difficultés de décollage pour son développement » pour les atténuer et les prescriptions du Schéma d'aménagement de la commune de SAABA ainsi que les documents de planifications au niveau régionale et nationale. C'est donc pour anticiper sur les éventuels problèmes, créer un scénario volontariste et assez optimiste à partir duquel sera élaboré le projet de territoire pour la commune de SAABA. La stratégie de mise en œuvre est élaborée et prend en compte les propositions du scenario en proposant trois projets de territoire. L'espace de projet « Développement de la production agricole » ; l'espace de projet « Urbanisation de la commune » et l'espace de projet « Gouvernance et protection de l'environnement ».

CONCLUSION

L'étude prospective de la commune de SAABA est une étude qui donne les différentes possibilités de l'avenir de la commune. En effet, à travers cette méthodologie, il ressort que chaque espace géographique a la possibilité de se projeter à l'avenir de façon optimiste et/ou pessimiste afin de mieux entamer la planification de son développement durable. Alignant le pessimiste à l'optimisme il se dégage nécessairement un scenario retenu qui est celui dont la stratégie élaborée propose un modèle de développement qui tient compte des spécificités locales et des politiques publiques au niveau nationale.

Rappelons de ce fait que cette étude prospective est un exercice qui vise à montrer l'importance de l'outil prospective afin de contribuer au développement local de chaque commune ou région. Cependant, la prospective n'est pas figée, car elle est applicable à un pays, une région, une commune, un secteur, partout ou besoin se fera ressentir.

Au terme, nous sortons convaincu que la prospective permet de voir les perspectives d'avenir d'un territoire. Par conséquent, le développement d'une communauté dépend de la vision que les acteurs lui donnent.

Conscient que tout œuvre humaine n'est parfait, nous restons disponibles pour des suggestions et des recommandations.

BIBLIOGRAPHIE

- SOMDA NAWINMALO ADOLPHE, 2010, Problématique de mise en œuvre des plans communaux de développement (PCD) sur la période 2009-2011 : cas de la région du centre, 66 pages
- JEAN DARCET Secrétaire général du Centre d'Études Prospectives, 1967, étapes de la prospective introduction 333 pages
- Ministère de l'Administration Territoriale et de la Décentralisation, Plan d'actions quinquennal de mise en œuvre de la Stratégie décennale de la décentralisation au Burkina Faso, 144 pages.
- Ministère de l'administration territoriale et de la décentralisation, 2004, Loi n°055-2004/AN du 21 décembre 2004 portant Code général des collectivités territoriales au Burkina Faso, 59 Pages.
- Ilboudo Y. P., 2009, Le développement local face à la politique de décentralisation, par Ecole doctorale en dynamique des espaces et sociétés / Université de Ouagadougou, 75 pages.
- Neya S., 2007, Les problèmes fonciers en zones de front pionnier agricole : cas de Dèrègouè dans la province de la Comoé, Mémoire de maîtrise, Département de géographie, Université de Ouagadougou, 120 pages.
- Pecqueur B., Zimmermann J. B. (eds)., 2004, Economie de Proximités, Hermès, Lavoisier, Paris. 99 pages
- Koba G., 2021, Genre et adaptation aux changements climatiques dans la commune de Ouargaye, région du centre-est du Burkina Faso, 93 pages
- Leloup F. et al., 2005, La gouvernance territoriale comme nouveau mode de coordination territoriale ? Dans Géographie, économie, société (Vol. 7), pages 321 à 332.